果壳阅读·生活习惯简史 ⑤

用七十万年穿好衣

果壳/著　傅迟琼/绘

天津出版传媒集团
新蕾出版社

果壳阅读是果壳传媒旗下的读书品牌，秉持“身处果壳，心怀宇宙”的志向，将人类理性知识的曼妙、幽默、多变、严谨、有容，以真实而优雅的姿态展现在读者眼前，引发公众的思维兴趣。

出品人 / 小庄　策划 / 史军　执行策划 / 朱新娜　特邀编辑 / 刘越　资料 / 樊雨婷、黄真真　撰稿 / 桃子

图书在版编目(CIP)数据

用七十万年穿好衣 / 果壳著 ; 傅迟琼绘. -- 天津 :
新蕾出版社, 2015.10(2022.9 重印)
(果壳阅读·生活习惯简史 ; 5)
ISBN 978-7-5307-6277-6

Ⅰ. ①用… Ⅱ. ①果… ②傅… Ⅲ. ①服装-历史-世界-儿童读物 Ⅳ. ①TS941.74-49

中国版本图书馆 CIP 数据核字(2015)第 227579 号

书　　名：用七十万年穿好衣　YONG QISHIWAN NIAN CHUAN HAO YI
出版发行：天津出版传媒集团
　　　　　新蕾出版社
http://www.newbuds.com.cn
地　　址：天津市和平区西康路 35 号(300051)
出 版 人：马玉秀
责任编辑：侯欣玥　文字编辑：魏嘉斓
责任印制：沈连群　美术设计：罗岚
电　　话：总编办 (022)23332422　发行部(022)23332676　23332677
传　　真：(022)23332422
经　　销：全国新华书店
印　　刷：天津新华印务有限公司
开　　本：787mm×1092mm　1/12
字　　数：31 千字
印　　张：$2\frac{2}{3}$
版　　次：2015 年 10 月第 1 版　2022 年 9 月第 10 次印刷
定　　价：26.00 元

同世界一起成长

——写给“果壳阅读 · 生活习惯简史”的小读者

亲爱的小读者，让我们来想一想，当爸爸妈妈把我们带到这个世界上的时候，我们做的第一件事是什么呢？对，是啼哭。正是这声啼哭向世界宣布：瞧呀，我来了，一个小不点儿要在地球上开始奇异旅程啦！

这世界真大，与地球相比，我们的卧室不过是沧海一粟；这世界真美，美轮美奂的人类建筑让不同的大陆有了别样风情；这世界真好玩儿，高铁、飞机、宇宙飞船能带我们去探索奇妙的未知。可是世界一开始就是这样的吗？当然不是。它从遥远的过去走来，经历了曲折，经历了彷徨，一步一步走到了今天。

作为一名考古学家，我对过去的事物有一种特别浓厚的兴趣。我和我的同行，常常在古代废墟中查寻，总想找回一些历史的记忆。最能让我们动情的，就是那些衣食住行，那些改变人类生活的故事。古人何时开始烹调，怎样学会纺织，又如何修建房屋，考古工作者正在将这些谜题一个一个解开！

因此，当我第一次看到这套讲述“人类生活习惯变迁”的绘本时，立即就被吸引了。创作者用精准的文字和图画，让我们在不经意间穿越了历史长河，点滴知识轻松而又深刻，不落窠臼，引人思考。比如，你知道人类是在何时学会制造车轮的吗？要知道车轮可是一位5000多岁的“老寿星”呢！人们在一次劳动中发现了旋转的魔力，于是，有人便利用它发明了车轮，从此人们的旅行不再只是依赖双脚。直到今天，这项古老的发明仍然扎根在我们生活的每个角落，我们使用的大多数交通工具都离不开轮子，离不开旋转的力量。可以说，当今生活的点点滴滴，都是建立在前人漫漫的积累之上，时间更是跨越了几十万年，甚至上百万年！

“果壳阅读 · 生活习惯简史”的创作前前后后用了十余年时间，创作者查阅了大量资料，反复推敲、设计画面的每个细节，于是，才有了今天这样一套总体上宏大，细节上精到，有故事有知识，可以一读再读的绘本。当你翻开这套绘本，你会看到因为没有火，人们只能吃生肉的场景；会看到因为蒙昧而不洗澡、不换衣的画面；也会看到医生戴着鸟嘴面具，走街串巷的奇特一幕。看到这些你是否觉得奇怪？这些与当下生活的反差会给你带来怎样的感受？让一切自然而然地发生，在不经意间改变，大概就是“行不言之教”吧。

人类不断充实科学的头脑，不断丰富知识的宝库。从古到今，从早到晚，从天上到地下，让我们跟着这套绘本学习生活习惯，学习为这个世界增光添彩的本领。我们认知世界，也在认知自己、完善自己，我们同世界一起成长。

王仁湘（中国社会科学院考古研究所研究员）

4

大约 70 万年前

大家住在山洞里，
人人都是光溜溜。

6

大约 10 万年前

最早的衣服是猎人发明的。

9

大约 2 万年前

人们的空闲时间变多了，
开始打扮自己。

11

6000 多年前

麻类植物被利用起来，
人们穿上了麻布衣服。

13

4000 多年前

蚕宝宝吐出的丝，
可以织成柔软舒服的丝绸。

15

3000 多年前

出入厅堂有很多规矩，
不能随便穿着打扮。

21 1300 多年前
富人的衣服材料丰富，穷人的衣服破破烂烂。

16 2000 多年前
人们把植物或矿物做成染料，有了彩色的衣服。

22 700 多年前
棉花纺织大流行，人人都能穿上舒适的衣服。

26 今天
人造纤维取代了天然纤维，大量进入人们的生活。

18 一个月后
正红色的染料被提取出来。

25 大约 100 年前
毛线织成毛衣，既暖和又好看。

29 未来
小小一件衣服，将会拥有越来越多的功能。

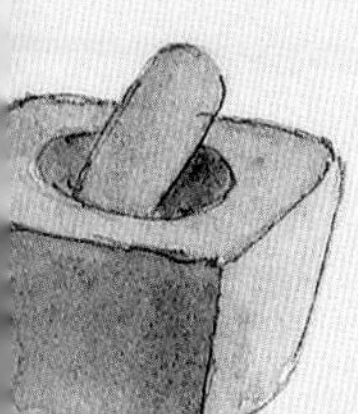

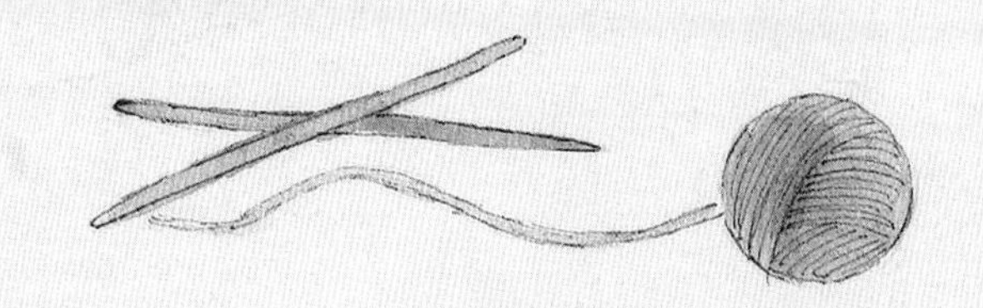

大约 70 万年前

白雪皑皑的冬季，冷风呼啸着，顷刻间把人们呼出的热气冻结。大地一片死寂，很多动物都在冬眠。山洞里住着人类的祖先，他们正在分食一头野牛。虽然没有篝火取暖，但他们并不冷。食物为人体提供了必需的热量，更重要的是，他们有着像熊一样厚重的体毛，能够保持体温。漫长的冬天显得并不难熬了。

石刀

● 体毛

人类的祖先曾像其他动物一样，身上长有厚厚的体毛，后来因为生活方式的改变，人类直立奔跑、昼行、捕猎，散热的需求逐渐增加，才慢慢褪去了体毛。

大约 10 万年前

原始部族里，人们分工明确，男人负责狩猎，女人负责采果。猎人们把兽皮披在身上，装扮成麋鹿、野牛、羚羊的样子。他们慢慢靠近猎物，然后猛地举起石头发起进攻。没有戒备的剑齿虎拼命挣扎，猎人们纷纷举起手中的长矛刺向了它。这次狩猎能够成功，很大程度上得益于人们身上穿的这些兽皮伪装。人类的穿衣智慧麻痹了凶猛的剑齿虎，它无论如何也想不到自己身边竟埋伏着活生生的人。

● 剑齿虎

一种生活在第三纪晚期及更新世的大型猫科动物，犬齿可达十余厘米，现已灭绝。

人类褪去体毛后，主要靠穿着兽皮、树叶来保暖遮羞。人类将动物的皮毛穿在身上进行捕猎活动，这是他们从大自然中学到的方法。

● 毒蛇

身着颜色鲜艳亮丽的“外衣”，警告捕食者不要靠近。

● 项链

原始人的项链选材十分多样，包括钻孔的兽牙、贝壳、鱼脊骨、海蚶壳、石球和刻纹鸟骨管等。

● 鞣制（处理）鹿皮

原始人通过咬嚼鹿皮，使皮革更柔软，容易缝制衣服。

大约 2万年前

人们花费大量时间外出寻找食物，采集、狩猎，抑或捕鱼，但在食物充足时，也会有很多时间用来消遣。人们寻找各式各样的材料，穿在身上装饰自己。有的人鞣制、软化鹿皮做成斗篷，有的人把贝壳、蛋壳的碎片穿起来做成项链，有的人头发里插着漂亮的羽毛，还有的人把动物的头骨戴在头上。不仅如此，人们还调配出不同色彩的泥巴用作颜料，涂抹在打磨好的石球、衣服上，甚至涂在他们的脸和身体上。

● 腰机

最早的一种织布机，通过木棍和操纵杆拉紧布料，以骨针引线穿梭,将线纺织成布。

● 纺轮

纺轮的质地多种多样，石、木、骨、陶，人们把能够想到的材料都拿来制作纺轮，大大提高了纺线的速度。

6000多年前

树叶易破，兽皮虽然耐磨，但夏天穿起来非常燥热。后来，人们发现了麻（大麻）。这种植物的表皮可以制成麻线，编织成布。麻布做成的衣服虽然粗糙，但比树叶、兽皮舒服多啦！突如其来的洪水淹没了麻田，洪水退去后人们发现，浸泡过的麻根茎腐烂，外面的皮却保存完好，甚至更加坚韧。女人们将这些韧皮收集起来，用手撕成细缕，然后缠绕在新发明的纺轮上，转动中间的木轴，便拈出一根细长的麻线。

● 麻

大麻是中国最早的纺织材料，被誉为“织物之王”。大麻纺织亚种的四氢大麻酚含量极低，区别于用作毒品的印度亚种。

人类对蚕茧的利用经历了从“吃”到“穿”的过程。一开始人们煮茧取出蚕蛹食用，而后人们将野蚕放在室内驯养，吐丝结茧，得到天然蛋白质纤维，一个蚕茧可以抽出成百上千米的蚕丝。蚕茧外层的乱丝被剥开后，有规律的蚕丝才会暴露出来。被剥去的茧衣强力很低，无法用于织作，但可以填充在夹衣中用来保暖。

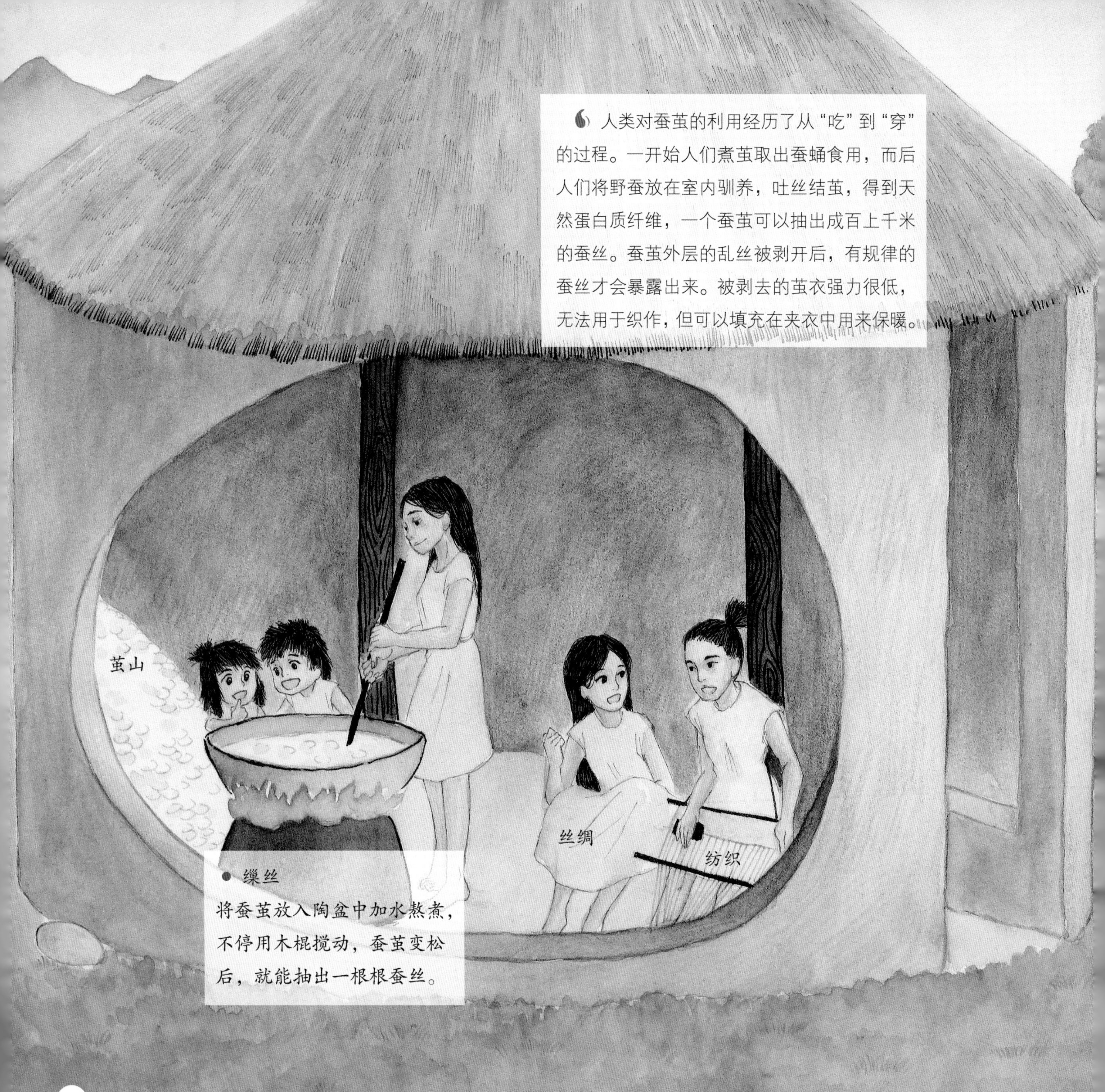

● 缫丝

将蚕茧放入陶盆中加水熬煮，不停用木棍搅动，蚕茧变松后，就能抽出一根根蚕丝。

4000 多年前

人们已经发现并饲养一种以桑叶为食、能够吐丝结茧的小虫——蚕。落入水中的蚕茧可以抽出连绵不断的丝线，这种丝线细长、柔软，做成衣服比麻要舒服多了！夏天到了，屋子里堆起白灿灿的茧山。人们有条不紊地剥茧、缫丝，心灵手巧的女人将丝线放到腰机上，手脚不停地忙活一整天，就可以织成一块丝绸。

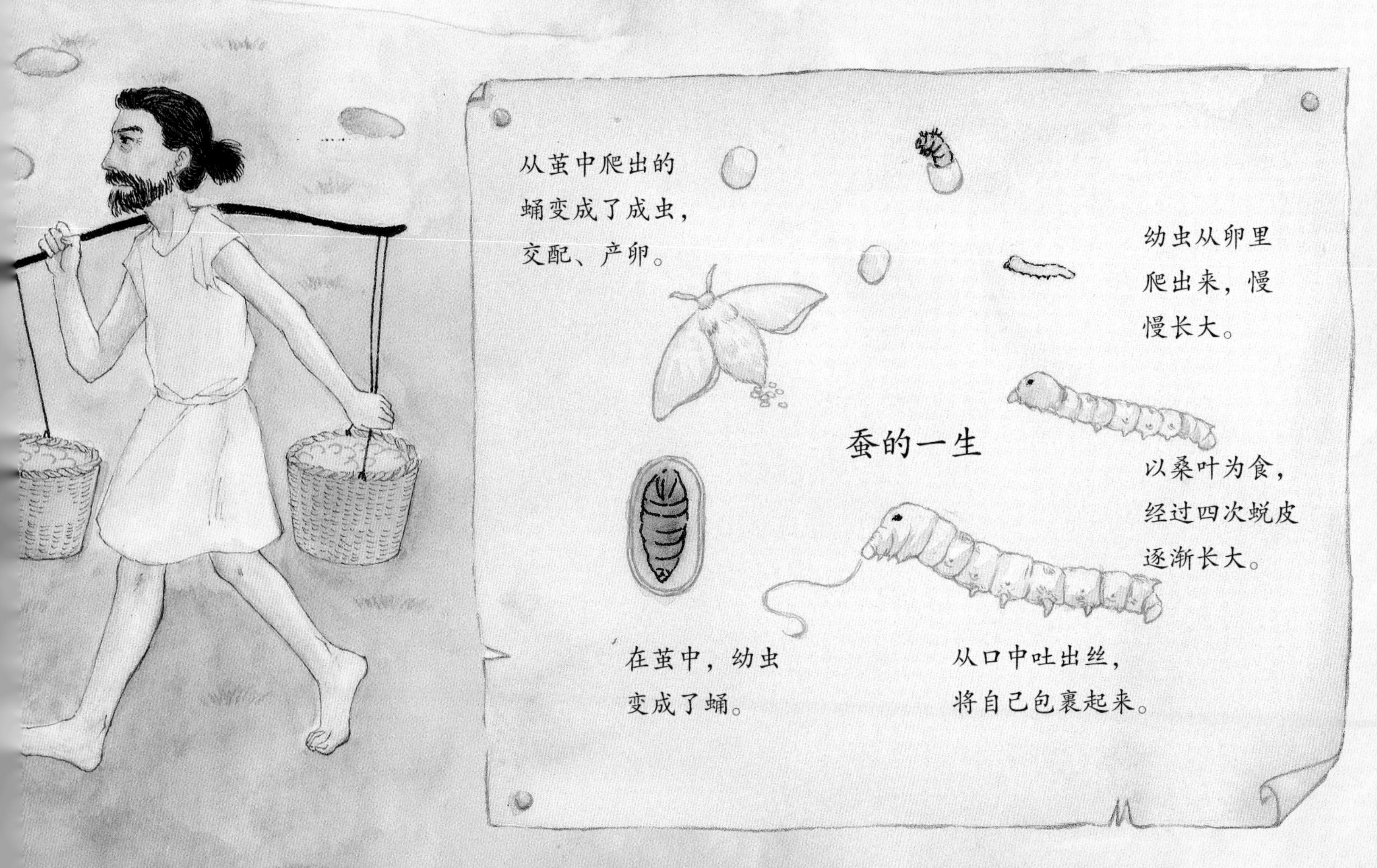

家蚕的一生，要经过卵、幼虫、蛹、成虫四个阶段，这四个阶段的形态特征和生理功能完全不同。

● 交领右衽

交领指衣服前襟左右相交，右衽指衣襟向右掩，这是汉服的典型特征之一。中国古代一些少数民族服装是向左掩，称为左衽。

3000 多年前

为了彰显威仪，君王制定了很多规则（周礼），比如贵族可以穿丝绸衣服，而老百姓只能穿麻布衣服，只有到了八九十岁才能穿丝绸。从此，人们穿衣戴帽不能随心所欲，否则就会受到惩罚。这天，在贵族举办的宴会上，闯进了一位衣衫不整的男子，他穿着鞋，麻布衣服上打着补丁、衣襟左掩，这可是野蛮人的打扮，按中原礼制规定，应当衣襟右掩。极其注重礼仪的主人愤怒地将男子轰了出去。

西周时期的曶（hū）鼎上有“匹马束丝”的记载，意思是说，五个奴隶才可以换得一匹马、一束丝，可见当时丝绸多么珍贵。

又是一年盛夏，染坊里忙忙碌碌。茜草根、栀子果实、蓝草叶……工匠们把这些植物分别捣烂，熬煮成红色、黄色、蓝色的染料。有了它们，就可以调配出更多的色彩，染出彩色的布。可惜，茜草根染出来的红色为暗暗的土红，导致调配出来的其他颜色也不够漂亮。崇尚红色的皇帝对此很不满意。出使西域的使者带回了一种红花，据说能够染出漂亮的正红色。可令工匠们头痛的是，他们只能染出橘黄色，眼看皇帝要求的期限将近，所有人都没了主意。

● 红花

古代称为烟支、胭脂，原产自西域，晒干后是红色染料。

● 槐花

花蕾煮沸处理可提取黄色染料。

● 蓝草

蓼蓝等一系列植物的统称，浸水处理后可提取靛蓝染料。

● 茜草

古代被用作药材，根部可提取红色染料。

● 苏木

又名苏方、赤木，可提取红色染料。

● 郁金

晒干后研磨成粉末，是黄色染料。

自然界中绝大部分色彩，都可以由红黄蓝（基本色）按照一定比例混合得到，任何一种基本色都不能由另外两种基本色混合产生。中国古代认为原色包括青、赤、黄、白、黑，并称之为“五色”。

一个月后

皇宫传来喜讯，染坊用红花制作的染料，成功染出了皇帝想要的正红色。人们发现，原来用红花染色最重要的就是“杀花”。这个步骤可以去除染料里的黄色素，从而染出正红色的布。宏伟的宫殿内，皇帝头戴冕冠，身着新做的长袍，仪态威严。袍子上身是用皂斗染成的黑色，下半身则是鲜艳的正红色。大臣纷纷建议皇帝，来年要大规模种植红花。

红花染色技术在古代曾被严格保密，特别是色素的提取方法。直到魏晋南北朝时，红花才成为流行染料。

● 杀花

将采摘来的红花用石碓捣烂，加清水浸渍，倒入布袋绞去黄汁后，再用发酸的酸粟或淘米水等酸汁反复淘洗，进一步去除残留的黄色素。这样便可以得到鲜艳的红色素。

男子的官服，从皇帝到官吏，样式几乎是一样的，差别只在于材料、颜色和皮带头的装饰。无官职的富人，穿着高领宽缘的直裰（duō，斜领大袖，四周镶边的大袍）。

唐代以柘（zhè）黄为最高贵，红紫、蓝绿、黑褐色等次之，白色则没有地位。

1300 多年前

雪后的城镇，好像披了一层厚厚的棉衣。凛冽的寒风中，人们换上了过冬的衣服。富裕的人家穿得不仅保暖舒适，样式也很高雅，除了织锦、皮革、丝绸、缎带，还有用孔雀羽毛装饰的斗篷和帽子。贫困的人家买不起好衣服，就只能穿着打着补丁的麻布长袍、老旧的麻絮棉袄。对于他们来说，冬天是一年中最难熬的季节。

普通百姓只能穿开衩到腰际的齐膝短衫和裤子，不许用鲜艳的色彩，脚上只能穿线鞋或草鞋。

700 多年前

人们很早就发现棉花可以用于纺织，棉布却一直没有被推广。这是因为处理、制作原材料时，工人们需要剥去棉花里的棉籽并弹松棉絮，这需要花费大量的时间和精力，往往是工人的手指甲都脱落了，也得不到多少棉花。直到人们发明了手摇轧棉车和木制绳弦大弓，棉布才得以普及。随着价格便宜、柔软舒适的棉布迅速普及，普通百姓也有了暖和的棉袄越冬。

● 木制绳弦大弓
黄道婆设计的长达四尺有余的木制绳弦大弓，加快了弹棉的速度。

● 弹棉花
去籽后的棉花还很紧实，需要将棉絮弹得蓬松，并去除混杂在棉絮中的杂质和泥沙。

● 手摇轧棉车
一种轧落棉籽的工具，由黄道婆设计，很快就能剥出很多棉花。

蚕丝是连续的纤维，麻是半长纤维。长期以来，中国人对棉花及羊毛这样的短纤维不大感兴趣，所以，人们大多将棉花种在花园里当作“花”来欣赏。

衣行
洋楼
织毛衣
新興福

大约 100 年前

外国人大量进入中国，他们带来了新的材料和纺织技术。其中最受欢迎的是毛线，手织毛衣迅速成为流行风尚。人们通过两根毛衣针，就能够编织出漂亮的毛衣。因为纤维之间有足够多不流通的空气，所以毛衣穿起来非常暖和，然而毛线之间的缝隙比较大，如果穿在外面，冷风很容易吹透。所以穿毛衣的时候，一般都要套上一件防风的外衣。

新剪的羊毛不能直接使用，需要先洗去油脂和杂质，加入毛油或抗静电剂，使羊毛纤维具有良好的润滑性和柔软性，减弱或消除静电。原料处理好后，要将其弹松并裁剪加工成羊毛条，再纺成细线、加捻，最后通过并线将纺成的线合股成真正的毛线。

今天

随着科技的发展，人们开始模仿天然纤维的结构，研发化学纤维。这些新材料越来越多地代替了传统天然纤维，应用于现代服装的制作乃至更广阔的领域。

毛

毛纤维的历史大致与麻一样悠久。古人曾使用绵羊毛、山羊毛、牦牛毛、骆驼毛进行纺织。距今 3800 年的新疆罗布泊古墓沟和铁板河一号墓都曾出土过多种毛织品和毛毡帽。

楼兰毛毡帽

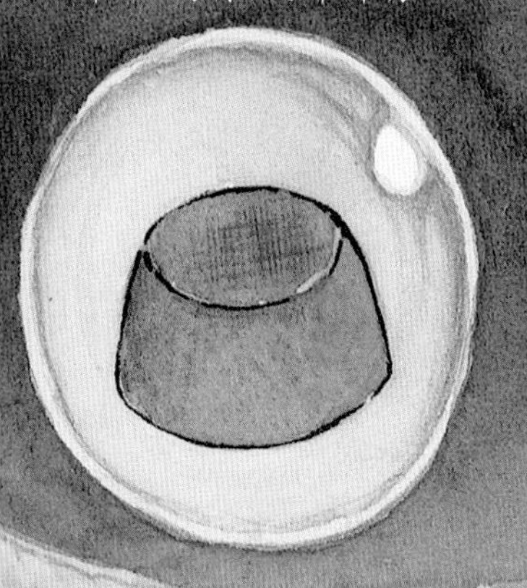

布纹陶体底部印痕

● 麻

距今约 6000 年前，人们已经掌握了麻纺织技术。仰韶文化遗址出土的原始纺织品，大都是麻类纤维织成的。陕西仰韶文化半坡遗址出土的陶器上还曾发现麻布纹的印痕和布纹的彩绘。

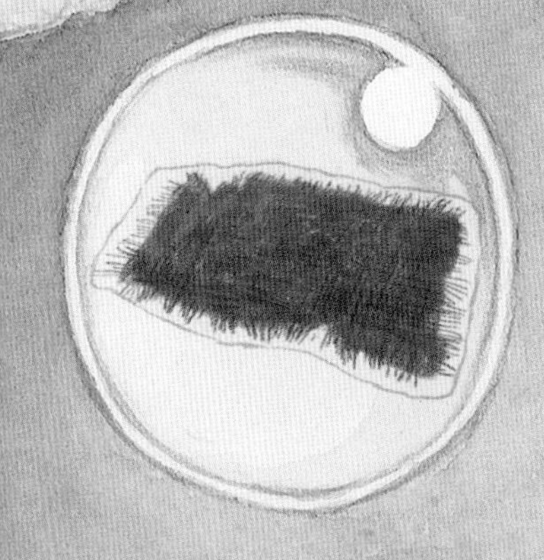

出土绢片

● 丝

蚕丝的使用最早可追溯至新石器时代晚期。距今 4700 年的浙江吴兴钱山漾遗址出土了丝带和绢片。

● 石棉

传说罗马的查理曼大帝拥有一张石棉桌布，弄脏后经过火烧，污垢就会被清除，而桌布完好无损。石棉最早被人们用作隔热建筑材料，但后来发现其具有毒性，会导致肺部纤维化而被禁用。

● 棉

在中国的南部、西南、西北少数民族地区，棉花的应用最早可追溯到 2000 多年前，至宋时，内地和边疆交往频繁，棉花产业发展发达起来。距今约 900 年的浙江兰溪墓曾出土一条完整的拉绒棉毯。

南宋拉绒棉毯

● 航天服

舒适层

经过特殊防静电处理的棉布。

备份气密层

由橡胶组成。

主气密层

复合关节结构。

限制层

涤纶（聚酯）制成，可承载内部余压。

隔热层

通过热反射来隔热。

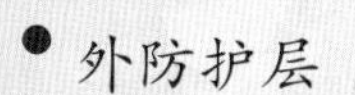

太阳能泳衣
荧光婚纱
智能穿衣镜

未来

人们改变蚕的DNA，把蚕丝织成婚纱，可以发出美妙朦胧的荧光。用一支“喷枪”均匀地喷在身上，交联纤维相互连接，一件T恤就穿好了。酒店里，装束各异的客人们熙来攘往。调温服、太阳能泳衣、液晶夹克、记忆衬衫……衣服被赋予了千变万化的功能。然而，它们都具有一个共同点——让人们的生活更便捷、更美好。和穿着兽皮和树叶的时代相比，现在的衣服简直太不可思议了。

你还可以知道更多

周礼：周代的国家政治制度，包括器用、衣冠、官制、军制、田制、税制、礼制等。

染料：古代人们使用的染料都来源于自然，包括茜草根、蓝草叶、紫草、苏木、槐花、栀子、郁金等植物类染料和赭石、朱砂、石黄、石绿、铅白、石墨、松烟等矿物类染料。

出使西域：汉武帝曾派使者张骞两次出使西域，开拓了汉代通往西域的道路，并从西域诸国引进了汗血马、黄瓜、葡萄、苜蓿、石榴、胡桃、胡麻等等。商人们沿着张骞探出的道路往来贸易，成就了著名的“丝绸之路”。

黄道婆：宋末元初著名棉纺织家，在崖州（今属海南省）学会使用先进的制棉工具和纺织技术，带回松江传授给人们，并革新了轧棉和弹棉工具，被称作“中国纺织之母”。

化学纤维：以天然或合成的高分子化合物为原料，经过化学和物理方法加工制成的纤维。

航天服：在太空环境下，巨大的温差会令人冻死或者热死；真空环境使人窒息，还会使人“体液”沸腾；强烈的辐射会破坏人体的机能。所以在太空中活动，需要舱外航天服的保护。航天服的作用就是创造一个近似地面的环境，保护人体免受伤害。